ÍNDICE

1. 9 Tip's (suma, resta, multiplicación, división, potenciación, Radiación).
2. Formas de resolver problemas
3. Partes de un monomio
4. ALGEBRA (multiplicación, división)
5. Propiedad Distributiva
6. ALGEBRA (potenciación, Radiación)
7. Signos de agrupación.
8. Los 4 pasos de Polya.
9. Fracciones I
    - Clasificación de fracciones
10. Numero decimal
    - Aproximaciones
    - Clasificación de Fracciones
11. Generatriz de fracciones.
12. Operaciones con fracciones (suma, resta, multiplicación, división, potenciación, Radiación).

MATEMÁTICA BASICA

Signos: en la matemática existen dos signos muy importantes que son llamados de las siguientes maneras.

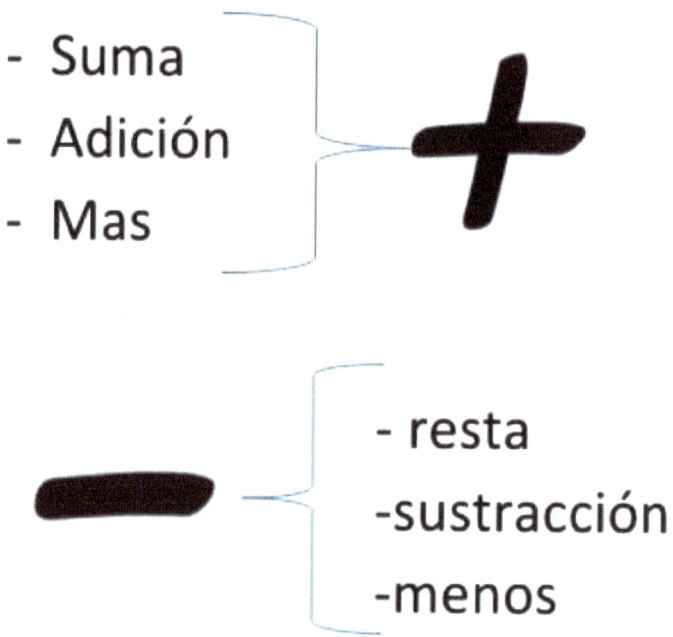

- Suma
- Adición
- Mas

$+$

- resta
- sustracción
- menos

$-$

Estos nombres suelen ser usados en distintos casos pero significaran lo mismo.

El signo de un número estará en la parte izquierda de donde lo ves; podría ser + suma o − resta.

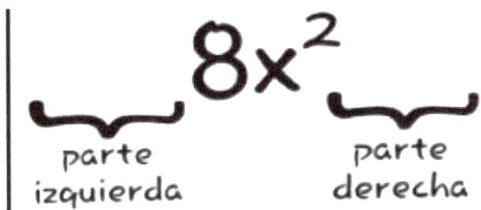

parte izquierda   parte derecha

TIP'S MATEMÁTICOS

Tip's 1.- Números con signos iguales se suman y a la respuesta se le coloca el mismo signo.

Ejemplos:

$5+4+3+2+1=15$ $-5-3-7-3=-18$
$7+4+5+3+1=20$ $-6-4-3-2=-15$
$5+4+7+8+3=27$ $-4-2-1-1=-8$
$6+4+6+6+4=26$ $-5-3-3-4=-15$

Tip's 2.-Números con signos diferentes se restan y el resultado lleva el signo del numero mayor.

Ejemplos :
2-7=-5
-8+4=-4
36-75=-39
-x+7x=+6x

Uniendo tip's 1 y 2

- Números iguales con signos diferentes se eliminan.

7-7=0
-4+4=0
8p-8p=0
-0.5+0.5=0
x - x =0

FORMAS DE RESLOVER PROBLEMAS:

1. EMBUDO:

$$5+3-5+1-4+2=$$
$$8-5+1-4+2=$$
$$3+1-4+2=$$
$$4-4+2=$$
$$2=$$

2. POR ELIMINACIÓN: aplicar la unión de tip's 1y 2.

$$\cancel{-6}+\cancel{5}+\cancel{8}-\cancel{5}+\cancel{6}-\cancel{8}$$
$$= 0$$

3. POR AGRUPACIÓN: aplicar tip's 1 ,reuniendo a los mases y los menos, así solo tendrás que restar dos términos.

$$4-2+7-5-4+7$$
$$=+18-11$$
$$=+7$$

Tip's 3: la multiplicación y división de números con signos iguales resultara en un numero positivo.

Ejemplos:
$$-3 \times -2 = 6$$
$$3 \times 2 = 6$$
$$-8 \div -4 = 2$$
$$8 \div 4 = 2$$

Tip's 4: la multiplicación y división de números con signos diferentes resultara en un número negativo.

Ejemplos:
$$-3 \times 2 = -6$$
$$3 \times -2 = -6$$
$$-8 \div 4 = -2$$
$$8 \div -4 = -2$$

Tip's 5: un numero negativo elevado a un exponente PAR resultara, en un número positivo. (Solo con paréntesis).

Ejemplos:
$$(-2)^4 = 16$$
$$(-3)^2 = 9$$
$$(-4)^4 = 16$$

Tip's 6: un número negativo elevado a un exponente IMPAR, resultara en un número negativo. (Solo con paréntesis).

Ejemplos:
$$(-2)^5 = -32$$
$$(-3)^3 = -27$$
$$(-3)^5 = -243$$

Los tip's interiores solo se cumplen cuando están en paréntesis sino, el signo seguirá siendo menos.

Partes de la raíz:

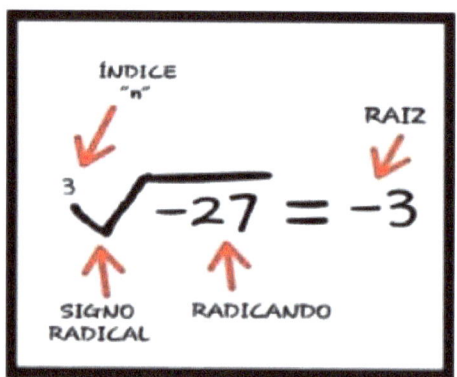

Tip's 7: la raíz de ÍNDICE IMPAR de un número negativo, resultara en otro número negativo.

Ejemplos:

$$\sqrt[3]{-27} = -3$$

$$\sqrt[7]{-32} = -2$$

$$\sqrt[5]{-128} = -2$$

Tip's 8: la raíz de ÍNDICE PAR de un numero negativo, resultara en un número imaginario (i).

Ejemplos:

$$\sqrt{-4} = 2i$$

$$\sqrt{-9} = 3i$$

$$\sqrt[4]{-16} = 2i$$

Tip's 9: la raíz de ÍNDICE PAR de un numero positivo, resultará en un número positivo y negativo a la vez.

$$\sqrt{4} = \pm 2$$

$$\sqrt{9} = \pm 3$$

$$\sqrt{36} = \pm 6$$

Un monomio es una expresión algebraica que utiliza incógnitas(por ejemplo la x).

Partes de un Monomio :

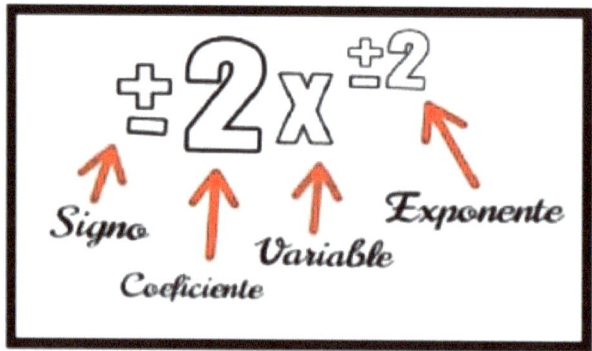

Cuando no hay signo, coeficiente y exponente :

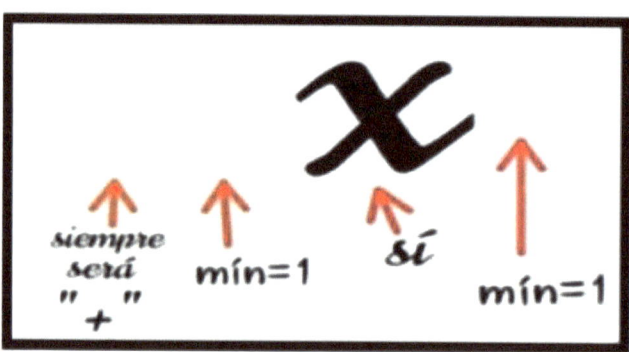

Solo compara las dos imágenes para entender más.

Diferencia entre :

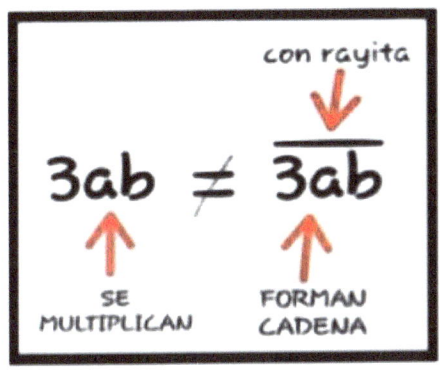

Si: a=3   ;   b=5

Entonces:

$$3ab \neq \overline{3ab}$$
$$3(3)(5) \neq 335$$
$$45 \neq 335$$

Este símbolo significa DIFERENTE es lo opuesto de =

MULTIPLICACIÓN EN ALGEBRA

1. Signo: tip's 3 o 4
2. Coeficiente: cálculo de multiplicación y división
3. Variable:
   - SI SON IGUALES : Producto de bases iguales.

$$\pm x^{\pm a} \times \pm x^{\pm b} = \pm x^{\pm a \pm b}$$

   - SI SON DIFERNETES: Se deja en orden alfabético.

$$\pm x^{\pm a} \cdot \pm z^{\pm b} \cdot \pm y^{\pm c} = \pm x^{\pm a} \pm y^{\pm c} \pm z^{\pm b}$$

EJEEMPLO DE MULTIPLICACIÓN EN ALGEBRA:

- $-8x^2 y \cdot 2x^5 z$
  $= -16x^{2+5} y z$
  $= -16x^7 y z$

DIVISIÓN EN ÁLGEBRA:

1. **Signo:** tip's 3 o 4
1. **Coeficiente:** cálculo de división
2. **Variable:**

- SI SON IGUALES: cociente de bases iguales.

$$\pm x^{\pm m} \div \pm x^{\pm n} = \frac{\pm x^{\pm m}}{\pm x^{\pm n}} = \pm x^{\pm m - (\pm n)}$$

- SI SON DIFERENTES: se dejará en orden alfabético.

$$\pm x^{\pm m} \div \pm x^{\pm n} = \frac{\pm x^{\pm m}}{\pm x^{\pm n}}$$

COMBINACIÓN DE TIP'S 1,2,3, y 4

- Si la división y la multiplicación están juntas se hará primero la división; sino se harán simultáneamente.
- Luego aplicar los tip's 1 y 2.

Ejemplo:

$$4 \times -30 \div -2 + 5 - 7$$
$$4 \times 15 + 5 - 7$$
$$+65 - 7$$
$$-68$$

PROPIEDAD DISTRIBUTIVA

1.-
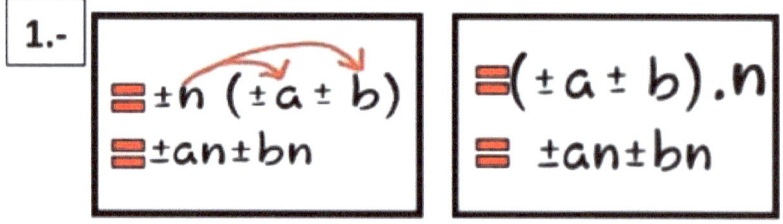

$$\pm n\,(\pm a \pm b)$$
$$\pm an \pm bn$$

$$(\pm a \pm b)\cdot n$$
$$\pm an \pm bn$$

Esta formula también funciona al revés.

2.-

$$(\pm m \pm n)(\pm a \pm b)$$
$$= \pm am \pm bm \pm an \pm bn$$

3.-

$$(\pm a \pm b) \div n$$
$$= \frac{\pm a \pm b}{\pm n}$$
$$= \pm \frac{a}{n} \pm \frac{b}{n}$$

POTENCIACIÓN EN ÁLGEBRA

Hay 4 casos:

1.
$$(\pm a)^n = \pm a^n$$

2.
$$(\pm a)^{-n} = \pm \frac{1}{a^n}$$

3. Distributiva exponente:

$$(\pm ax^{\pm m} y^{\pm n})^2$$

$$= \pm a^{\pm 2} \times (x^{\pm m})^2 \times (y^{\pm n})^2$$

4. potencia de potencia

$$((\pm a^m)^n)^p = (\pm a)^{m \times n \times p}$$

Nota: El coeficiente estará como factor primo :

2;3;5;7;11;13;17;23; ...

APLICAR DESCOMPOSICIÓN CANÓNICA.

Ejemplos :

$(120 p^2 q^7)$

$= 120^{30} p^{60} q^{210}$

$= (2 \times 5 \times 3)^{30} p^{60} q^{210}$

$= 2^{90} \times 5^{30} \times 3^{30} p^{60} q^{210}$

$\begin{array}{r|l} 120 & 2 \\ 60 & 2 \\ 30 & 2 \\ 15 & 5 \\ 3 & 3 \\ 1 & \end{array}$

$= 2^3 \times 5 \times 3$

El resultado debe acabar en factor primo.

RADIACIÓN EN ÁLGEBRA

Hay 3 casos.

1.
$$\sqrt[n]{a^m} = a^{\frac{m}{n}}$$

2.
$$\sqrt[n]{a\,x^p y^q} = \sqrt[n]{a} \times \sqrt[n]{x^p} \times \sqrt[n]{y^q}$$

3.

Raíz de raíz

$$\sqrt[m]{\sqrt[n]{\sqrt[p]{a^2}}} = \sqrt[m \times n \times p]{a^2}$$

Combinando los 9 tips

1. Raíces, exponentes y potenciación. Si están juntos, primero, será la raíz, si no, se harán, simultáneamente (si están multiplicándose).

2. División y multiplicación. Lo mismo que el anterior.
3. Adición y/o sustracción. Resolver cualquiera.

SIGNOS DE AGRUPACIÓN

1. ( ) paréntesis
2. [ ] corchetes
3. { } Llaves

Método: de adentró hacia afuera.

Ejemplo :

- $4 - (2 - (1 - 7)) - 3$

$= 4 - (2 - (-6)) - 3$

$= 4 - (2 + 6) - 3$

$= 4 - 8 - 3$

$= -7$

RESOLUCIÓN DE PROBLEMAS

Los 4 pasos de polya:

Geroge Polya profesor matemático que desarrollo un método enfocado a la solución de problemas matemáticos, en 4 pasos.

1. ENTENDER EL PROBLEMA
- ¿Qué pide el problema?.
- Cuantas incógnitas hay (lo desconocido).
- Que variables usarán (A-Z).

2. CONFIGURAR EL PLAN
- Plantear el problema (operaciones combinadas, ecuaciones, esquemas, etc).

3. EJECUTAR EL PLAN
- Resolver lo planteado (Matemática básica – los 9 tip's).

4. VERIFICACIÓN
- Hacer las comparaciones respectivas.

Ejemplo:

A una fiesta asistieron 67 personas y en un momento determinado, 13 mujeres y 10 hombres no bailaban.

¿Cuántas mujeres asistieron a la fiesta?.

Piden n°(número) de mujeres que asistieron.

$\boxed{\rightarrow}$ si bailan $= 67 - 13 - 10$

$= 44$

$\boxed{\rightarrow}$ N° mujeres que bailan $= 44 \div 2$

$= 22$

∴ El total de mujeres $22 + 13 = 35$

F
R
A
C
C
I
O
N
E
S

$\dfrac{1}{2}$ $\dfrac{1}{3}$

$\dfrac{8}{13}$ $\dfrac{1}{8}$ $\dfrac{3}{4}$

FRACCIONES I

Una fracción se define:

Si :

$f = \dfrac{A}{B}$ ← Numerador
← Denominador

Donde:

✔ $B \neq 0$ (el denominador no puede ser 0)

$A \neq \overset{\circ}{B}$ (el numerador no puede ser múltiplo de denominador)

A y B son PESÍ (primos entre sí).

✔ No será fracción si la división es exacta.

✔ Es válido : $\dfrac{0}{n} = 0$

✔ Evitar ABSURDOS (indeterminados) : $\dfrac{0}{n} ; \dfrac{0}{0}$

✔ Fracción Recíproco (inverso) : $\dfrac{B}{n}$

✔ Fracción Unidad: $\dfrac{1}{B}$

Ejemplos: $\dfrac{2}{5} ; \dfrac{7}{3} ; \cancel{\dfrac{10}{5}}$

De estas 3 fracciones la última no puede ser fracción porque el denominador (5) es múltiplo del numerador.

CLASIFICACIÓN DE FRACCIONES

A) Por la relación entre sus términos:

1. **FRACCION PROPIA :**

Si:

$$F = \dfrac{A}{B} \Rightarrow A < B \Rightarrow F < 1$$

Ejemplos de fracciones propias:

$$\frac{2}{5} ; \frac{11}{13} ; \frac{2}{7} ; \frac{7}{8} ; \frac{14}{9}$$

2. FRACCIÓN IMPROPIA

Si:

$$F = \frac{A}{B} \Rightarrow A > B \Rightarrow F > 1$$

Ejemplos de fracciones propias:

$$\frac{5}{2} ; \frac{13}{11} ; \frac{7}{2} ; \frac{8}{7} ; \frac{9}{14}$$

3. FRACCIÓN = 1

Si:

$$F = \frac{A}{B} \Rightarrow A = B \Rightarrow A = 1$$

Ejemplos de fracciones = 1

$$\frac{5}{5}; \frac{13}{13}; \frac{7}{7}; \frac{8}{8}; \frac{9}{9}$$

Partes de la división:

DIVIDENDO: A
DIVISOR: B
COCIENTE: Q
RESIDUO: R

$$\begin{array}{c|c} A & B \\ \hline R & Q \end{array}$$

4. NUMERO MIXTO:

Si:

$$F = \frac{A}{B} \Rightarrow \begin{array}{c|c} A & B \\ \hline R & Q \end{array} \Rightarrow F = Q\frac{R}{B}$$

Ejemplo de número mixto:

$$\frac{11}{3} \Rightarrow \begin{array}{c|c} 11 & 3 \\ \hline -- & 3 \end{array} \Rightarrow 3\frac{2}{3}$$

Toda fracción mixta genera una fracción impropia.

Si:

$$F = Q\tfrac{R}{B} \Rightarrow F = \dfrac{A \times B + R}{B}$$

Ejemplo:

$$2\tfrac{1}{5} = \dfrac{2 \times 5 + 1}{5} = \dfrac{11}{5}$$

B) Por el denominador

1. FRACCIÓN DECIMAL:

Si:

$$F = \dfrac{A}{B} \Rightarrow B = 10^\circ$$

Ejemplo de Fracción decimal:

$$\dfrac{2}{10} ; \dfrac{1}{300} ; \dfrac{4}{100}$$

2. FRACCIÓN ORDINARIA:

Si:
$$F = \frac{A}{B} \Rightarrow B \neq 10^°$$

Ejemplo de Fracción Ordinaria:
$$\frac{1}{2} ; \frac{3}{5} ; \frac{7}{4}$$

3. POR GRUPO DE FRACCIONES

1. Fracciones Homogéneos:

Si:
$$\frac{A}{B} = \frac{C}{D} = \frac{E}{F} \Rightarrow B = D = F$$

Ejemplo de fracciones homogéneas:
$$\frac{2}{3} ; \frac{1}{4-1} ; \frac{x}{8-5}$$

2. FRACCIONES HETEROGÉNEAS

Si: $\dfrac{A}{B} = \dfrac{C}{D} = \dfrac{E}{F} \Rightarrow B \neq D \neq F$

Ejemplo de Fracciones Heterogéneas:.

$$\dfrac{2}{3} \; ; \; \dfrac{1}{4} \; ; \; \dfrac{9}{5}$$

4. RELACION DE FRACCIONES

1. DE EQUIVALENCIA

Si: $\mathcal{F} = \dfrac{A}{B} \Rightarrow \mathcal{F} = \dfrac{A \times k}{B \times k}$

Donde:

K = 0 ; 1 ; 2 ; 3 ; 4 ; 5 ...

- 0 → NULO
- 1 → IDENTIDAD

Hallando las 3 primeras fracciones equivalentes del Ejemplo:

- $\dfrac{2}{3} \Rightarrow \dfrac{4}{6} = \dfrac{6}{9} = \dfrac{8}{12}$

5. PARTE TODOS

Si: $\mathcal{F} = \dfrac{parte}{todo}$

Para identificar el parte – todo de un problema tan solo debemos identificar ciertas palabras claves:

- PARTE: Es; Son; Representa.
- TODO: De; Del; Respecto.

Ejemplos:

☆ Que parte de 7 es 5 = $\dfrac{7}{5}$

☆Que parte de 40 es 8 = $\frac{8}{40}$

PROXIMACIONES
(NÚMERO DECIMAL)

Para aproximar al orden inferior inmediato.

Si: $0,\overline{abcd}...$

✅ **Al décimo** $0,(a+1)$, si $b \leq 5$

(Quiere decir: que si al aproximar al décimo y hay un numero al lado derecho que es mayor o igual a 5, se le suma 1 al decimo que en el ejemplo seria la **a**).

Ejemplo de aproximación al DÉCIMO:

$0.18 = 0.2$
$0.347 = 0.3$
$0.251 = 0.3$
$1.384 = 1.4$

✅ Al centésimo $0,\overline{a\,(b+1)}$, si $c \leq 5$

✅ Al milésimo $0,\overline{ab\,(c+1)}$, si $d \leq 5$

PARTE ENTERA   PARTE DECIMAL

n	,	a	b	c	d	e	f
Parte Entera	Coma Decimal	Décimo	Centésimo	Milésimo	Diez Milésimo	Cien Milésimo	Millonésimo

NUMEROS DECIMALES

(ORIGEN)

CLASIFICACIÓN DE LOS DECIMALES:

1. Decimal Exacto (DE):

¿Cómo reconocer?

No tiene sombrerito ($0.\hat{4}$)

No tiene puntos suspensivos (3.8...)

Ejemplos:

0.3 ; 0.45 ; 0.9 ; 1.45 ; 2.7 ; etc.

ORIGEN:

Una fracción irreductible (canónico); ORIGINARA un decimal exacto, si en su denominador existe factores 2 o 5 o ambos:

- $2 \to 2^2 ; 2^3 ; 2^4 ; 2^5$
- $5 \to 5^2 ; 5^3 ; 5^4 ; 5^5$

Ejemplos de fracciones a decimal:

- $\dfrac{7}{8} = \dfrac{7}{2^3} = 0.875$ - $\dfrac{1}{2} = 0.5$ - $\dfrac{2}{5} = 0.4$

CANTIDAD DE CIFRAS DECIMALES

La cantidad de cifras en la parte decimal esta dada por el mayor exponente 2 o 5.

- Cuantas cifras decimales existe en:

- $\dfrac{1}{4} = \dfrac{1}{2^2}$ ← 2 cifras decimales

- $\dfrac{7}{25} = \dfrac{7}{5^2}$ ← 2 cifras decimales

- $\dfrac{3}{64} = \dfrac{3}{2^6}$ ← 6 cifras decimales

- $\dfrac{1}{40} = \dfrac{1}{3^2 \times 5}$ ← 2 cifras decimales

2. DECIMAL INEXACTO

2.1 PERIODICO PURO (DPP)

¿Cómo reconocer ?

Tendrá sombrerito DESDE el punto decimal ($0.\hat{4}$)

Tendrá un número que se repite infinitamente DESDE el punto o coma decimal (PERÍODO - ...)

$$0.\hat{5} = 0.555...$$

PERÍODO

ORIGEN:

Una fracción irreductible ORIGINARÁ un DPP si su denominador NO contiene al factor 2 o 5, o ambos (diferentes).

○ $\dfrac{1}{3} = 0.3$ $\dfrac{10\underline{|3}}{-- \ 0.333}$

CANTIDAD DE CIFRAS:

La cantidad de cifras estará dada por el menor número de cifras "9" que contengan al denominador.

- $$\frac{1}{3} \Rightarrow 3 \Rightarrow \underbrace{9}_{1 \text{ cifra de } \frac{1}{2}}$$

  🎲 número cifras periodo = 1

- $$\frac{1}{7} \Rightarrow 7 \Rightarrow \underbrace{999999}_{6 \text{ cifra de}}$$

  🎲 número cifras periodo = 6

Para un fácil manejo; recordar:

CANÓNICO DEL 9

Regla de los 9:	Nivel:	Representantes
$9 = 3^2$	1	3 y 9
$99 = 3^2 \times 11$	2	11
$999 = 3^3 \times 37$	3	27 y 37
$9999 = 3^2 \times 11 \times 101$	4	101
$99999 = 3^2 \times 41 \times 271$	5	41 y 271
$999999 = 3^3 \times 7 \times 11 \times 13 \times 37$	6	7 y 13
$9999999 = 3^2 \times 239 \times 4649$	7	239 y 4649
$99999999 = 3^2 \times 11 \times 73 \times 101 \times 137$	8	73 y 137

Observación: si hay vario números con solo cifras 9, la cantidad de cifras decimales del periodo es el m.c.m de la cantidad de cifras de estos números.

2.2 PERIÓDICO MIXTO (DPM)

¿Cómo reconocer?

El decimal tendrá una cifra no periódica y otra no periódica.

Es la combinación del DE y DPP

Ejemplos:

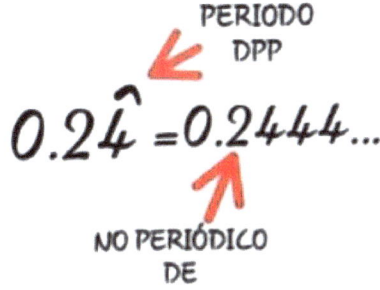

$0.2\widehat{4} = 0.2444...$

PERIODO DPP

NO PERIÓDICO DE

$0.34\,52\,52\,52... = 0.34\widehat{52}$

NO PERIÓDICA   PERIODO

ORIGEN

Una fracción irreducible originara un DPM si en su denominador hay factores 2; 5 o ambos y necesariamente alguno diferente a ellos.

○ $\dfrac{1}{6} = 0.16$ ○ $\dfrac{1}{12} = 0.083$

$\quad\;\;10 \lfloor\underline{6}$ $\qquad\quad 100 \lfloor\underline{12}$
$\;\;\overline{--}\;\; 0.16$ $\qquad\;\;\;\overline{--}\;\; 0.083$

CANTIDAD DE CIFRAS:

Para el No periódico considerar: DE

Para el período considerar: DPP

Ejemplos de cantidad de cifras que tienen el No periodo y el periodo en:

○ $\dfrac{1}{6} = \dfrac{1}{\underbrace{2^1 \times 3}_{=9}}$ ⇒ no periodo =1 cifra
período =1 cifra

◎ $\dfrac{1}{12} = \dfrac{1}{\underbrace{2^2 \times 3}_{=9}} \Rightarrow$ no período = 2 cifra
período = 1 cifra

GENERATRIZ DE FRACCIONES

Es la conversión de un decimal a fracción.

Simplificar hasta su CANÓNICO (F.IRREDUCTIBLE).

DECIMAL EXACTO:

Llevar a su fracción Decimal:

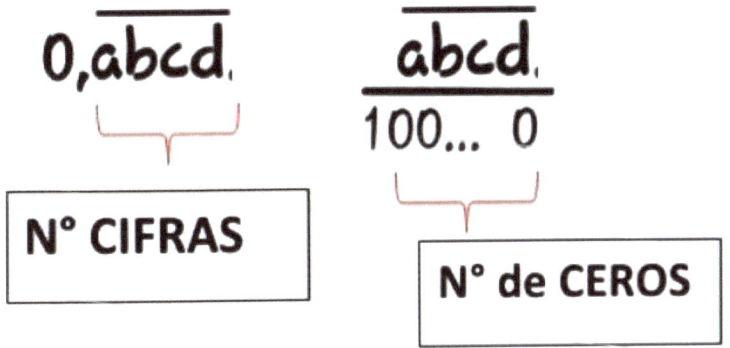

Ejemplos:

- $0.25 = \dfrac{25}{100} = \dfrac{1}{5}$

- $0.7 = \dfrac{7}{10}$

DECIMAL PERIÓDICO PURO

El canónico del 9.

$$0.\overline{efgh} = \dfrac{\overline{efgh}}{99\ldots9}$$

"m"

Ejemplos:

- $0.\overline{4} = \dfrac{4}{9}$

- $0.121212\ldots = 0.\overline{12} = \dfrac{\overline{12}}{99} = \dfrac{4}{33}$

DECIMAL PERIÓDICO MIXTO DPM

Combina el DE y el DPP

$$0.\overline{abcd\,efgh} = \frac{abcdefgh - abcd}{99\ldots 9\,00\ldots 0}$$

- "N" cifras (parte no periódica)
- "m" cifras (parte periódica)
- "m" nueves
- "N" ceros

Ejemplos de Decimal Periódico Mixto DPM

- $0.2\overline{3} = \dfrac{23-2}{90} = \dfrac{21}{90} = \dfrac{7}{30}$

- $0.3\overline{25} = \dfrac{325-32}{900} = \dfrac{293}{900}$

OPERACIONES CON FRACCIONES

I. ADICIÓN Y SUSTRACCIÓN

1. HOMOGÉNEOS:

Se aísla el denominador y se operará solo los numeradores tip's (1 y 2).

- $\dfrac{7}{w} + \dfrac{8}{w} - \dfrac{20}{w} + \dfrac{4}{w} - \dfrac{1}{w}$

  $= \dfrac{7 + 8 - 20 + 4 - 1}{w}$

  $= \dfrac{-2}{w} \quad = -\dfrac{2}{w}$

2. HETEROGÉNEOS:

A. Para 2 Fracciones : Método (ASPA)

Se usa generalmente para 2 fracciones.

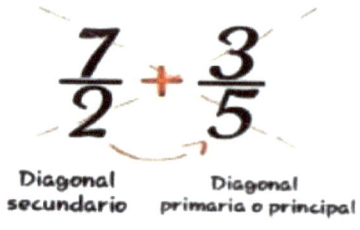

$\dfrac{7}{2} + \dfrac{3}{5}$

Diagonal secundario   Diagonal primaria o principal

$$= \frac{7(5)+2(3)}{2(5)}$$

$$= \frac{41}{10} = 4\frac{1}{10}$$

CASOS ESPECIALES

Tip's 1ERO: Un entero y Fracción Propia: método (acoplamiento).

$$3+\frac{3}{5}=3\frac{3}{5} \quad ; \quad 7+\frac{2}{3}\overset{-1}{=}6\frac{1}{3}$$

$$\frac{11}{13}+10=10\frac{11}{13} \quad ; \quad -\frac{4}{7}-9=-8\frac{3}{7}$$

2DO: Un entero y Fracción IMPROPIA:

$$7+\frac{7}{2} = 7+3\frac{1}{2} = 10\frac{1}{2}$$

$$4-\frac{5}{2} = 4-2\frac{1}{2} = 1\frac{1}{2}$$

$$4 - \frac{17}{2} = 4 - 8\tfrac{1}{2} = -4\tfrac{1}{2}$$

3RO: Una F. Propia y Una F. Impropia:

$$\frac{11}{5} + \frac{21}{11}$$
$$= 2\tfrac{1}{5} + 1\tfrac{10}{11}$$
$$= 3 + \frac{11+50}{55}$$
$$= 3 + \frac{61}{55}$$
$$= 3 + 1\tfrac{6}{55}$$
$$= 4\tfrac{6}{55}$$

$$2\tfrac{2}{3} - 2\tfrac{3}{4}$$
$$= 0 + \frac{12-6}{8}$$
$$= \frac{6}{8}$$
$$= \frac{3}{4}$$

B. Para 2 o más Fracciones: m.c.m (÷,×)Nota: si nos dan Mixtos, llevarlo todo a fracción.

$$\frac{2}{5} + 7\frac{1}{4} + 2\frac{2}{4} - \frac{7}{3}$$

$$= \frac{2}{5} + 9\frac{3}{4} - \frac{7}{3}$$

$$= \frac{2}{5} + \frac{39}{4} - \frac{7}{3}$$

$$= \frac{24 + 585 - 140}{60}$$

$$= \frac{609 - 140}{60} = \frac{460}{60} = 7\frac{49}{60}$$

II MULTIPLICACIÓN

MÉTODO: Laterales (multiplicar si todos son PESÍ).

OBSERVACIONES: Simplificar todos contra todos.

$$\frac{a}{b} \times \frac{c}{d} \times \frac{e}{f} = \frac{a \times c \times e}{b \times d \times f}$$

Ejemplos:

- $7 \times \frac{2}{11} = \frac{14}{11} = 1\frac{3}{11}$

- $\frac{2}{5} \times 7 = \frac{14}{5} = 2\frac{4}{5}$

- $\frac{3}{5} \times \frac{7}{2} = \frac{21}{10} = 2\frac{1}{10}$

Si hay varias fracciones que se MULTIPLICAN (factores), se le llamara también; ES: =

FRACCIÓN DE FRACCIÓN

Aquí la multiplicación será: De, Del, De los

Ejemplo:

- Los 3/5 de los 7/2 de los ¾ , de la quinta parte de la mitad de 200, es.

$$\frac{3}{5} \times \frac{7}{2} \times \frac{3}{4} \times \frac{1}{5} \times \frac{1}{2} \times 200 = \frac{63}{2}$$

$$= 31\frac{1}{2}$$

III. DIVISIÓN

Únicamente entre 2 fracciones.

$$\frac{2}{5} \div \frac{3}{7} = \frac{2 \times 7}{3 \times 5} = \frac{14}{15}$$

MÉTODO 1: ASPA (SIN CARITA FELÍZ)

$$\frac{2}{5} \div \frac{3}{7} = \frac{2 \times 7}{5 \times 3} = \frac{14}{15}$$

MÉTODO 2: POR SU DIVISOR INVERTIDO (RECÍPROCO)

$$\frac{2}{5} \div \frac{3}{7} = \frac{2}{5} \times \frac{7}{3} = \frac{2 \times 7}{5 \times 3} = \frac{14}{15}$$

Se usa mucho en algebra.

MÉTODO 3: EXTREMOS Y MEDIOS

Llamado también: FRACCIÓN COMPUESTA

Cuando al menos uno de sus términos de la fracción es una fracción.

$$\frac{5}{\frac{3}{7}} = \frac{\frac{5}{1}}{\frac{3}{7}} \begin{array}{|c|c|} \hline D & N \\ \hline \end{array} = \frac{5 \times 7}{1 \times 3} = \frac{35}{3}$$

D : divisor (medios) / N : numerador (extremos)

$$\frac{\frac{11}{3}}{7} = \frac{\frac{11}{3}}{\frac{7}{1}} = \frac{11 \times 1}{3 \times 7} = \frac{11}{21}$$

$$\frac{\frac{2}{5}}{\frac{3}{7}} = \frac{2 \times 7}{5 \times 3} = \frac{14}{15}$$

Aquí también se estudia:

FRACCIÓN CONTINÚA

Cuando a un numero enteró se le suma otra fracción continua. A esta operación se le llama Fracciones Complejas.

$$7 + \cfrac{1}{3 + \cfrac{1}{2 + \cfrac{1}{5}}}$$

Partes enteras: 7, 3 , 2, 5

Partes Fracción: $\frac{3}{1}$; $\frac{2}{1}$; $\frac{1}{2}$; $\frac{2}{3}$

FORMAS DE SOLUCIONAR FRACCIÓNES CONTINUAS

1ERA. FORMA: Del Último Hacia al PRIMERO

Es la mas usada.

$$7+\cfrac{1}{3+\cfrac{1}{2+\cfrac{1}{5}}} = 7+\cfrac{1}{3+\cfrac{1}{\frac{10+1}{5}}}$$

$$7+\cfrac{1}{3+\cfrac{1/1}{\frac{11}{5}}} = 7+\cfrac{1}{3+\frac{5}{11}}$$

$$7+\cfrac{1}{\frac{33+5}{11}} = 7+\cfrac{1/1}{\frac{38}{11}}$$

$$7+\frac{11}{38} = \frac{266+11}{38} = \frac{277}{38}$$

2DA. FORMA: Del Primero Hacia al ÚLTIMO

Poco usado por que es mas complicado.

$$\frac{7}{1}$$ Primera fracción

$$7 + 1/3 = 22/3$$

$$\frac{2 \times 22 + 7}{2 \times 3 + 1} = \frac{51}{7}$$

$$\frac{5 \times 51 + 22}{5 \times 7 + 3} = \frac{277}{38}$$

IV. POTENCIACIÓN

METODO: Arriba y abajo

Si:

$$\left(\frac{a}{b}\right)^n = \frac{a^n}{b^n}$$

Recordar además:

- $\left(\frac{a}{b}\right)^{-n} = \left(\frac{b}{a}\right)^n$

- $a^{-n} = \frac{1}{a^n} \; ; \; a^{-1} = \frac{1}{a}$

Recordar la potenciación Básica en álgebra.

- $\left(\frac{2}{3}\right)^3 = \frac{2^3}{3^3} = \frac{8}{27}$

- $\left(\frac{2}{5}\right)^{-2} = \left(\frac{5}{2}\right)^2 \; \frac{5^2}{2^2} \; \frac{25}{4}$

- $2^{-3} = \dfrac{1}{2^3}$; $5^{-1} = \dfrac{1}{5}$

V. RADIACIÓN

MÉTODO: Arriba y abajo

Si:
$$\sqrt{\dfrac{a}{b}} = \dfrac{\sqrt{a}}{\sqrt{b}}$$

Recordar además:

- $\sqrt[n]{\left(\dfrac{a}{b}\right)^m} = \left(\dfrac{a}{b}\right)^{\frac{m}{n}}$

- $\sqrt[n]{a^n} = a$

- $\sqrt{a} \times \sqrt{b} = \sqrt{ab}$

Recordar la Radiación Básica en álgebra.

$$\frac{\sqrt[3]{8}}{\sqrt[3]{27}} = \frac{\sqrt[3]{8}}{\sqrt[3]{27}} = \frac{2}{3}$$

$$\sqrt[5]{\left(\frac{7}{2}\right)^{10}} = \left(\frac{7}{2}\right)^{\frac{10}{5}} = \left(\frac{7}{2}\right)^2 = \frac{7^2}{2^2} = \frac{43}{4}$$

$$\sqrt[9]{2^9} = 2$$

Cuando el denominador tiene un RADICAL se debe aplicar la:

RACIONALIZACIÓN

Proceso que transforma una expresión, la cual es una fracción con raíz en el denominador, a otra equivalente sin raíz en el denominador.

Si:

$$\frac{10}{\sqrt{7}-\sqrt{5}} \times \frac{\sqrt{7}+\sqrt{5}}{\sqrt{7}+\sqrt{5}}$$

www.ingramcontent.com/pod-product-compliance
Lightning Source LLC
Chambersburg PA
CBHW040239220526
45473CB00001B/302